Die

chemischen Schutzmittel

des Tierkörpers bei Vergiftungen.

Von

Dr. Emil Fromm

a.o. Professor für Chemie an der Universität Freiburg i. B.

Straßburg
Verlag von Karl J. Trübner
1903.

Die chemischen Schutzmittel des Tierkörpers bei Vergiftungen.

Von

Dr. Emil Fromm
a.o. Professor für Chemie an der Universität Freiburg i. B.

Straßburg
Verlag von Karl J. Trübner
1903.

M. DuMont-Schauberg, Straßburg.

Inhalt.

Einleitung.

Nicht wenig Forscher, Chemiker, Physiologen und Pharmakologen haben sich damit befaßt, das Schicksal physiologisch wirksamer Stoffe (Heilmittel und Gifte) im Tierkörper zu ergründen.

Die Zwecke, welche die verschiedenen Forscher bei diesen Arbeiten verfolgten, waren verschiedenartige. Manche wünschten, die Eigenart der Wirkungsweise eines oder mehrerer Heilmittel kennen zu lernen und auf diese Weise vielleicht neue Heilmittel für bestimmte Zwecke zu entdecken. Manchen war es wohl darum zu tun, den Zusammenhang zwischen der chemischen Konstitution eines Stoffes und seiner physiologischen Wirkung kennen zu lernen. Andere Forscher endlich gingen von der Entdeckung aus, daß physiologisch wirksame Substanzen gepaart an Intermediärprodukte des Stoffwechsels ausgeschieden wurden, und hofften auf diesem Wege eben gerade jene Stoffwechselprodukte kennen zu lernen. Dieser letzteren Absicht hat Schmiedeberg[1]) den folgenden Ausdruck gegeben: «Indem man dem Organismus neue, ihm an sich fremde Faktoren des Stoffwechsels zuführt, sucht man mit ihrer Hilfe das Wesen des letzteren zunächst in seinen Einzelheiten zu erfassen».

. . . .

Wenn der Tierkörper fremde physiologisch wirksame Stoffe, die ihm zugeführt werden, verändert, zerstört oder ausscheidet, wie das aus den zahlreichen und erfolgreichen Arbeiten der oben erwähnten Autoren hervorgeht, so könnte man doch auch wohl alle diese Reaktionen als Schutzmaßregeln auffassen, die dem Körper gegenüber chemischen Angriffen zur Verfügung

---

[1]) Schmiedebergs Archiv, Bd. 14, S. 288.

stehen. Eine solche Auffassung hat sich auch wohl dem einen oder dem andern der auf diesem Gebiet tätigen Männer aufgedrängt und hat auch gelegentlich bereits ihren Ausdruck gefunden. Wenn Baumann nach der Erkenntnis, daß Phenol als Ätherschwefelsäure ausgeschieden werde, feststellt, daß man die Giftwirkungen der Carbolsäure durch zugeführte schwefelsaure Salze herabmindern könne, so betrachtet er ja wohl damit auch die im Tierkörper natürlich vorkommenden Sulfate als Schutzmittel gegenüber Phenolvergiftungen. Baumanns Schüler Likhatscheff stellt einmal ausdrücklich als interessant fest,[1]) daß

Homogentisinsäure, fast ungiftig, sich im Organismus nicht mit Schwefelsäure verbindet,

Gentisinsäure, giftig, sich im Organismus teilweise mit Schwefelsäure verbindet,

Hydrochinon, stark giftig, sich im Organismus ganz mit Schwefelsäure verbindet.

Auch diese Zusammenstellung beweist doch wohl, daß Likhatscheff die im normalen Stoffwechsel stets vorhandene Schwefelsäure als ein Schutzmittel des Tierkörpers erkannt hat, welches immer nur dann zur Verwendung kommt, wenn Giftstoffe damit unschädlich gemacht werden sollen. Sundvik vertritt endlich gleichfalls dieselbe Auffassung, wenn er sagt,[2]) daß der Zweck der Paarung im Tierkörper es sei, die zugeführten fremden Stoffe löslich und diffusibel zu machen, um sie so auszuscheiden. Die Äußerungen der letztgenannten Forscher sind immer nur gelegentliche, nur da und dort fällt es einem oder dem andern ein, das Verhalten der fremden Stoffe im Tierkörper unter dem Gesichtspunkte zu betrachten, daß sich der Tierkörper mit den ihm zu Gebote stehenden Mitteln gegen die auf ihn gemachten Angriffe schütze.

Eine solche Betrachtungsweise hat indessen ihre Vorteile. Man kann, wenn man sie zugrunde legt, Regeln und Gesetze erkennen, welche bisher wohl noch nicht erkannt sind, und so soll denn dieser Aufsatz sich damit befassen, das durch

[1]) Zeitschrift für physiologische Chemie, Bd. XXI, S. 422.

[2]) Malys Jahresbericht, Bd. 16, S. 76.

die vorhandenen Experimentalarbeiten geschaffene Material zur Beantwortung der Frage zu verarbeiten: «Wie und mit welchen Mitteln schützt sich der Tierkörper bei Vergiftungen?»

Es wird sich dann zeigen, daß der Tierkörper über eine gewisse Zahl von Reaktionen und über eine gewisse Zahl von Stoffen verfügt, die er zu seinem Schutze zu benützen pflegt. Wir könnten diese Reaktionen und Stoffe als «Schutzreaktionen» und «Schutzstoffe» bezeichnen. Es scheint um so mehr an der Zeit, eine Zusammenstellung dieser Schutzreaktionen und Schutzstoffe da zu machen, wo die chemische Konstitution des Ausgangsmaterials (des Giftes) und die des Endproduktes (des ausgeschiedenen Stoffes) genau bekannt ist, als die moderne Bakteriologie sich vielfach mit Giftstoffen und Schutzstoffen befaßt, deren chemische Konstitutionen absolut unbekannt sind.

. . . .

Nach Koberts Lehrbuch der Intoxikationen besitzt der Organismus drei Mittel, um eingedrungene Gifte ganz oder teilweise unschädlich zu machen:

1. Er eliminiert sie sehr schnell durch die Nieren, den Darm, die Leber, das Pankreas, die Schleimhäute des Magens und des Darmes, die Speicheldrüsen, Milchdrüsen, die Lunge, sogar durch die Schweißdrüsen.

2. Der Organismus deponiert und fixiert die Gifte in einzelnen Organen, namentlich in der Leber. Insbesondere Metalle, z. B. Arsenik, und Alkaloide, z. B. Strychnin, werden auf diese Weise festgehalten, indem sie in schwerlösliche Verbindungen salzartiger Natur verwandelt werden. Hierdurch wird die Vergiftung zwar nicht aufgehoben, aber in die Länge gezogen und so gemildert, da die schwerlöslichen Verbindungen nur in sehr geringen Mengen in den Blutkreislauf gelangen und demzufolge in nur geringem Maße schädlich wirken können.

3. Der Organismus wandelt die Gifte in relativ unschädliche, leicht lösliche Verbindungen um, welche durch den Blutkreislauf fortgeführt und durch die Nieren ausgeschieden werden. Diese Umwandlungen geschehen nach Kobert durch Neutralisation, Oxydation, Reduktion, Paarung, Spaltung und andere eigenartige Umänderungen.

Das Mittel, welches Kobert an erster Stelle aufführt, nämlich die rasche Eliminierung auf einen der vielen erwähnten Wege, hat für unsere Betrachtungen kein weiteres Interesse, da diese Eliminierung eine ganz und gar mechanische ist und so die Entgiftung ohne Anwendung eines Gegengiftes vor sich geht.

Um so mehr Interesse haben für uns die von Kobert an zweiter und dritter Stelle aufgeführten Mittel, denn hier werden in der Tat chemische Stoffe und chemische Reaktionen aufgeführt, welche die eingeführten Gifte auf chemischem Wege unschädlich machen. Unter diesen Mitteln können wir dann auch eine ganze Anzahl wirklicher Gegengifte, «Schutzstoffe», finden.

Wenn wir im folgenden uns mit den Giften beschäftigen, welche der Tierkörper auf chemischem Wege unschädlich macht, so wollen wir dabei gesondert die anorganischen Gifte und diese nur kurz, und in einem andern Teil die organischen Gifte, letztere etwas ausführlicher, betrachten. In den einzelnen Teilen sollen dann jeweils diejenigen Gifte mit einander abgehandelt werden, welche der Tierkörper auf dieselbe Weise unschädlich macht.

Anorganische Gifte.

Die metallischen Gifte: Blei, Silber, Quecksilber, auch Arsenik werden wohl alle im Tierkörper in unlösliche oder schwerlösliche Verbindungen verwandelt. Dadurch schützt sich der Körper vor einer akuten und starken Vergiftung und verwandelt dieselbe in eine chronische und schwache Vergiftung. Die Substanzen, welche in diesen Fällen wohl immer verwendet werden, um die Metallsalze oder Metalloxyde in unlösliche Verbindungen überzuführen, sind das Eiweiß und der Schwefelwasserstoff. Es entstehen im Tierkörper Metallalbuminate, das sind salzartige Verbindungen von Metalloxyd und Eiweiß, oder Metallsulfide, welche infolge ihrer geringen Löslichkeit nicht mehr oder nur wenig resorbiert werden und in den Kreislauf gelangen. Freie Säuren und freie Alkalien wirken innerlich und äußerlich auf den Tierkörper ätzend. Diesen begegnet der Tierkörper durch Neutralisation. Die anorganischen Säuren werden an das im Tierkörper stets gegenwärtige Alkali gebunden und so in leicht lösliche, kaum giftige Salze verwandelt,[1])

---

[1]) Salkowski, Virch. Arch., Bd. 58, S. 134; Gaethgens, Abl. d. med. Wiss. 1872, Nr. 53 und Walter, Schmiedebergs Arch., Bd. 7, S. 148; Winterberg, Zeitschr. f. physiol. Chemie, Bd. XXV, S. 202.

welche durch den Blutkreislauf fortgeführt und leicht ausgeschieden werden. Alkalien werden im Magen durch die Magensäure neutralisiert und so leichtlöslich und ungiftig gemacht; gelangen sie ins Blut, so bereitet der Tierkörper aus den massenhaft zerfallenden weißen Blutkörperchen Glycerinphosphorsäure und Lecithin und bindet das Alkali so mit der neu entstandenen Säure zu gleichfalls leicht löslichen und unschädlichen Salzen.

Phosphor und Sulfide werden im Tierkörper oxydiert, sodaß Phosphorsäure und Schwefelsäure entstehen, welch letztere wieder, wie oben gezeigt, neutralisiert und ausgeschieden werden.

Jodsaure und chlorsaure Salze reduziert der Körper und verwandelt sie so in leichtlösliche und wenig giftige Jodide und Chloride, welche als solche ausgeschieden werden.

So sind es eigentlich nur drei Arten chemischer Reaktion, welche der Tierkörper gegenüber anorganischen Giften zu seinem Schutze anwendet (Schutzreaktionen), nämlich: Oxydation, wie beim Phosphor und den Sulfiden, Reduktion, wie bei den chlorsauren und jodsauren Salzen und endlich Paarung des Giftes mit einem Schutzstoff unter Abspaltung von Wasser; Abspaltung von Wasser liegt nämlich nicht nur den Neutralisationsreaktionen zugrunde, welche bei den Vergiftungen mit Säuren und Alkalien auftreten, sondern ist auch der letzte Grund für die Bildung der Metallalbuminate und Sulfide, denn diese Bildung erfolgt aus Metalloxyd und Eiweiß oder H_2S zuletzt doch nur durch Abspaltung von Wasser. Wie aus dem Beispiele des Phosphors ersichtlich ist, bedarf indessen der Tierkörper zuweilen mehr als nur einer der erwähnten drei Reaktionen. Der Phosphor wird nämlich, wie oben erwähnt, durch Oxydation in Phosphorsäure verwandelt, letztere muß aber erst durch Neutralisation in leichtlösliches, leicht ausscheidbares und unschädliches Salz übergeführt werden.

Organische Gifte.

Auch bei Darreichung organischer Gifte ist die Reihe der Grundreaktionen kaum eine kompliziertere; auch hier handelt es sich um Oxydation, Reduktion, um Abspaltung von Wasser und um Anlagerung von Wasser in fast allen Fällen. Nur kommt es in diesem Falle noch öfter als bei den anorganischen Stoffen vor, daß mehrere der Grundreaktionen notwendig sind, um ein bestimmtes Gift unschädlich zu machen. So ist bei den organischen Stoffen selten die Oxydation oder Reduktion allein ausreichend, um einen Stoff unschädlich zu machen, meist muß das durch Oxydation oder Reduktion entstandene Produkt noch an einen oder mehrere andere Stoffe unter Abspaltung von Wasser gepaart werden.

Daß ein organisches Gift durch Reduktion allein unschädlich gemacht worden wäre, ist bis jetzt nicht bekannt geworden. Überhaupt sind es nur wenig Fälle, in denen mit Sicherheit nachgewiesen wurde, daß der Tierkörper auf eine organische Substanz reduzierend gewirkt hätte.

Die Oxydation als Schutzreaktion.

Durch Oxydation allein wirkt der Tierkörper auf eine Reihe giftiger, sauerstoffreicher Verbindungen, z. B. auf giftige Säuren der Fettreihe, welche der Tierkörper zu Kohlensäure und Wasser verbrennt. So wird z. B. nach Autenrieth und Barth[1]) die Oxalsäure im Kaninchenkörper vollständig oxydiert. So wird ferner nach Juvalta[2]) auch die Phtalsäure im Tier-

---

[1]) Zeitschr. für physiol. Chemie, Bd. XXXV, S. 327.

[2]) Zeitschr. für physiol. Chemie, Bd. XIII, S. 31.

körper durch Oxydation vollständig zerstört. Das gleiche Schicksal erleiden nach Rudolf Cohn[1]) die Methylchinoline, welche, soweit untersucht, meist vollständig oxydiert werden und verschwinden. Derselbe Autor berichtet von o-Nitrobenzaldehyd,[2]) daß er durch den Tierkörper zum größten Teil vollständig zerstört und zu einem kleinen Teil zu o-Nitrobenzoesäure oxydiert werde. Santonin $C_{15}H_{18}O_3$ erscheint nach Jaffé[3]) als Oxysantonin $C_{15}H_{18}O_4$ im Harn, also nach Aufnahme von einem Atom Sauerstoff.

Hierher gehören wohl auch die Beobachtungen, welche von Albanese,[4]) von Bondzynski und Gottlieb[5]) und von Krüger und Schmid[6]) über die methylierten Xanthine, darunter Caffein und Theobromin, gemacht worden sind. Durch diese Arbeiten wurde festgestellt, daß alle die mehrfach methylierten Xanthine im Tierkörper wahrscheinlich durch Oxydation eines Teiles ihrer Methylgruppen beraubt und zu den niedriger methylierten Stoffen abgebaut werden.

Die Zahl der Beispiele, in welchen nachgewiesen worden ist, daß der Tierkörper eine physiologisch wirksame Substanz durch Zufuhr von Sauerstoff entweder total zerstört oder partiell verändert, ist damit keineswegs erschöpft. Die gänzliche Zerstörung einer giftigen Substanz durch Sauerstoff kann natürlich ohne weiteres als eine Schutzmaßregel des Tierkörpers aufgefaßt werden. Ob auch die teilweise Oxydation eines solchen Körpers, wie z. B. die des Nitrobenzaldehyds zu Nitrobenzoesäure, eine Schutzmaßregel darstellt, müßte eventuell durch eine besondere Untersuchung nachgewiesen werden, durch welche festgestellt würde, daß etwa die Nitrobenzoesäure gar nicht giftig oder doch weniger wirksam als Nitrobenzaldehyd ist. Wir können indessen von einer solchen Fest-

---

[1]) Zeitschr. für physiol. Chemie, Bd. XX, S. 215.

[2]) Zeitschr. für physiol. Chemie, Bd. XVII, S. 293.

[3]) Zeitschr. für physiol. Chemie, Bd. XXII, S. 538.

[4]) Schmiedebergs Arch., Bd. 34, S. 449.

[5]) Schmiedebergs Arch., Bd. 36, S. 45; Bd. 37, S. 385.

[6]) Ber. d. Deutsch. chem. Ges., Bd. 32, S. 2677, 2818, 3336 und Zeitschr. für physiol. Chemie, Bd. XXXVI, S. 1.

stellung absehen, weil die Partialoxydationen, welche der Tierkörper gegenüber manchen Giftstoffen ausübt, fast durchweg nur den Anfang seiner Einwirkung auf dieselben darstellen. Die teilweise Oxydation ist in weitaus der Mehrzahl der Fälle nur die Vorbereitung, durch welche der Giftstoff geeignet gemacht wird zur zweiten Hauptaktion, nämlich zur Paarung mit einem Schutzstoffe.

In weitaus der Mehrzahl der Fälle schützt sich der Tierkörper gegen organische Gifte, indem er dieselben unter Abspaltung von Wasser an bereits vorhandene Stoffe paart und mit diesen ausscheidet. Hierbei kommt es sehr oft vor, daß der Tierkörper die Gifte nicht nur, wie oben erwähnt, durch Oxydation, sondern auch durch Reduktion oder Anlagerung von Wasser, erst zur Paarung mit den «Schutzstoffen» vorbereitet.

Schwefelsäure als Schutzstoff.

Der erste dieser «Schutzstoffe» ist die Schwefelsäure, welche sich in Form schwefelsaurer Salze stets im Tierkörper findet und stets aufs neue durch Zerfall und Oxydation des Eiweißes erzeugt wird. Baumann und Herter haben gezeigt,[1]) daß das Phenol aus dem Tierkörper als phenylschwefelsaures Kali ausgeschieden wird:

$$C_6H_5OH + HO \cdot SO_3K = C_6H_5 \cdot O \cdot SO_3K + H_2O.$$

Aber nicht bloß das gewöhnliche Phenol erleidet dieses Schicksal, sondern alle Körper phenolartiger Natur, so nach denselben Forschern die Kresole $H_3C \cdot C_6H_4 \cdot OH$, Thymol $H_7C_3(CH_3)C_6H_3 \cdot OH$, die Dioxybenzole $C_6H_4(OH)_2$, Methylhydrochinon $CH_3 \cdot O \cdot C_6H_4 \cdot OH$, Orcin $CH_3 \cdot C_6H_3(OH)_2$, Pyrogallol $C_6H_3(OH)_3$, Tribromphenol $Br_3C_6H_2OH$, o-Nitrophenol $NO_2 \cdot C_6H_4 \cdot OH$, p-Amidophenol $NH_2 \cdot C_6H_4 \cdot OH$, Protocatechusäure $COOH \cdot C_6H_3(OH)_2$, Tannin, Salicylamid, m- und p-Oxybenzoesäuren $COOH \cdot C_6H_4 \cdot OH$.[2])

Nicht nur die einfachen und substituierten Phenole, welche sich vom Benzol ableiten, erscheinen im Harn gepaart an Schwefelsäure, sondern auch Hydroxylderivate anderer ringförmig konstituierter Verbindungen. So hat Brahm[3]) gezeigt, daß Oxychinolinsulfat zum Teil im Harn als gepaarte Schwefelsäure wiedergefunden werden kann:

$$(C_3H_3N)C_6H_3OH + HO \cdot SO_3H = (C_3H_3N)C_6H_3O \cdot SO_3H + H_2O,$$

---

[1]) Zeitschr. für physiol. Chemie, Bd. I, S. 247 und Berichte der Deutsch. chem. Ges., Bd. 9, S. 1389.

[2]) Vergl. Dautzenberg, Malys Jahresber., Bd. 11, S. 231.

[3]) Zeitschr. für physiol. Chemie, Bd. XXVIII, S. 439.

so hat auch v. Fenyvessy[1]) das Carbostyril teilweise in derselben Form im Harn wiederentdeckt:

$$(C_6H_4)C_3H_2N \cdot OH + HO \cdot SO_3H = (C_6H_4)C_3H_2N \cdot O \cdot SO_3H + H_2O.$$

In manchen Fällen begnügt sich der Tierkörper nicht damit allein, das phenolartige Gift an Schwefelsäure zu paaren, sondern er übt auch auf die giftige Substanz vor oder nach der Paarung einen oxydierenden Einfluß aus. So wird nach Baumann und Preusse[2]) Phenol zum Teil zu Hydrochnion oxydiert und letzteres an Schwefelsäure gepaart und ausgeschieden:

$$HO \cdot C_6H_5 + O = HO \cdot C_6H_4 \cdot OH$$
$$HO \cdot C_6H_4 \cdot OH + HOSO_3K = HO \cdot C_6H_4 \cdot OSO_3K + H_2O.$$

So erscheint nach Preusse[3]) das Vanillin $H_3C \cdot C_6H_3{<}^{OH}_{CHO}$ im Harn hauptsächlich als Ätherschwefelsäure der Vanillinsäure $^{HOOC}_{H_3C}{>}C_6H_5 \cdot O \cdot SO_3H$. — So erscheint auch nach Blum[4]) Thymol im Harn zum Teil als Thymohydrochinonschwefelsäure.

Man sieht nicht recht ein, warum in den eben erwähnten Fällen die Oxydationen eigentlich eintreten. Wenn doch Phenol an Schwefelsäure gepaart und so unschädlich, leichtlöslich und diffundierbar gemacht werden kann, so erscheint es überflüssig, dasselbe zu Hydrochinon zu oxydieren, welches doch gleichfalls giftig ist und gleichfalls gepaart ausgeschieden werden muß. Vielleicht rührt eine solche überflüssige Oxydation davon her, daß der Tierkörper im Falle der Not mit allen ihm zu Gebot stehenden Mitteln sich gegen die giftige Substanz wehrt und außer dem Schutzstoff «Schwefelsäure» auch die Schutzreaktion «Oxydation» anwendet.

Erscheint die Oxydation, welche der Tierkörper ausübt, in den eben erwähnten Fällen vielleicht überflüssig, so ist sie sicher in andern Fällen ein wichtiges Mittel, um giftige Stoffe,

---

1) Zeitschr. für physiol. Chemie, Bd. XXX, S. 552.
2) Zeitschr. für physiol. Chemie, Bd. III, S. 156.
3) Zeitschr. für physiol. Chemie, Bd. IV, S. 209.
4) Zeitschr. für physiol. Chemie, Bd. XVI, S. 314.

welche sich an sich zu einer Paarung nicht eignen, durch Hydroxylierung für eine Paarung geeignet zu machen, denn der Tierkörper verwandelt nicht wenige Körper durch Oxydation in Phenole und paart dann die so gebildeten Phenole an Schwefelsäure, um sie so in Form von Ätherschwefelsäure auszuscheiden. So wird nach Schultzen, Naunyn und Munk[1]) das Benzol in Phenol verwandelt:

$$C_6H_6 + O = C_6H_5 \cdot OH$$

und dann nach Baumann und Herter[2]) an Schwefelsäure gepaart:

$$C_6H_5 \cdot OH + HO \cdot SO_3K = C_6H_5OSO_3K + H_2O.$$

Ebenso werden Indol und Skatol, wie Baumann und Brieger[3]) gezeigt haben, zu Indoxyl und Skatoxyl oxydiert und diese abermals an Schwefelsäure gepaart und ausgeschieden, z. B.:

$$HN : C_8H_6 + O = HN : C_8H_5 \cdot OH$$
$$HN : C_8H_5 \cdot OH + HO \cdot SO_3K = HN : C_8H_5 \cdot OSO_3K + H_2O.$$

Auch Naphthalin geht nach Lesnik[4]) im Tierkörper in Oxynaphthalin über und wird als Schwefelsäureester ausgeschieden:

$$C_{10}H_8 + O = C_{10}H_7 \cdot OH$$
$$C_{10}H_7OH + HOSO_3K = C_{10}H_7OSO_3K + H_2O.$$

Anilin wird im Thierkörper nach Schmiedeberg[5]) zu p-Amidophenol oxydiert:

$$NH_2 \cdot C_6H_5 + O = NH_2 \cdot C_6H_4 \cdot OH$$

und nach F. Müller[6]) in dieser Form an Schwefelsäure gepaart und ausgeschieden:

$$NH_2C_6H_4OH + HO \cdot SO_3K = NH_2 \cdot C_6H_4 \cdot O \cdot SO_3K + H_2O.$$

---

[1]) Reicherts und du Bois Reymonds Arch., 1867, S. 340. Pflügers Arch., Bd. 12, S. 148.

[2]) Zeitschr. für physiol. Chem., Bd. I, S. 247.

[3]) Zeitschr. für physiol. Chem., Bd. III, S. 254.

[4]) Schmiedebergs Arch., Bd. 24, S. 167.

[5]) Schmiedebergs Arch., Bd. 8, S. 1.

[6]) Malys Jahresber., Bd. 17, S. 87.

Ein ähnliches Schicksal wie Anilin erleiden dessen Acidylprodukte, das Acetanilid und der Antifebrin und das Formanilid, indem sie im Tierkörper erst oxydiert und so zur Paarung geeignet gemacht und dann an Schwefelsäure gepaart und ausgeschieden werden. Nach Jaffé und Hilbert[1]) und nach Mörner[2]) erscheint Acetanilid im Harn als p-Amidophenol, als p-Acetylamidophenol und als Anhydrid der Oxyphenylcarbaminsäure, gepaart zum Teil an Schwefelsäure, zum Teil auch an Glykuronsäure. Nach Kleine[3]) verhält sich das Formanilid im Tierkörper ebenso wie Acetanilid. Auch Phenetol wird nach Kühling[4]) erst oxydiert und dann an Schwefelsäure gepaart:

$$C_2H_5O \cdot C_6H_5 + O = C_2H_5O \cdot C_6H_4 \cdot OH$$
$$C_2H_5O \cdot C_6H_4OH + H_2SO_2 = C_2H_5O \cdot C_6H_4O \cdot SO_3H + H_2O.$$

Nach diesen und einigen sonst noch in der Literatur bekannten Beispielen kann man wohl behaupten, daß alle Phenole und solche Körper, welche durch Oxydation leicht in Phenole übergehen, vom Tierkörper durch Paarung an Schwefelsäure löslich, unschädlich und ausscheidbar gemacht werden. Wenn man bedenkt, daß Phenole und Indoxyl im Tierkörper auch ohne Vergiftung von außen entstehen, so kann man wohl zu der Ansicht kommen, daß die schwefelsauren Salze zu den wichtigsten Entgiftungsmitteln des Tierkörpers gehören.

---

[1]) Zeitschr. für physiol. Chemie, Bd. XII, S. 295.
[2]) Zeitschr. für physiol. Chemie, Bd. XIII, S. 12.
[3]) Zeitschr. für physiol. Chemie, Bd. XXII, S. 325.
[4]) Stoffwechselprodukte arom. Körper, Inaug.-Diss. Berlin, 1887.

Glykokoll als Schutzstoff.

Ein zweiter «Schutzstoff», dessen sich der Tierkörper bei Vergiftungen häufig bedient, ist das Glykokoll: $H_2N \cdot CH_2COOH$.

Auch diese Substanz ist ein Abbau- und Zerfallprodukt des Eiweißes und kann künstlich durch Spaltung des Leims gewonnen werden. Auch dieses Produkt findet sich wohl ohne Zweifel ständig im Tierkörper und steht ständig zur Verfügung. Benzoesäure, welche in den Tierkörper eingeführt wird, wird, wie schon Wöhler[1]) gezeigt hat, an Glykokoll zu Hippursäure gepaart:

$$C_6H_5 \cdot COOH + H_2N \cdot CH_2 \cdot COOH = C_6H_5 \cdot CO \cdot HN \cdot CH_2 \cdot COOH + H_2O.$$

Analog verhalten sich nach Rudolf Cohn[2]) die β-Naphthoesäure, welche im Harn von Kaninchen, und die α-Naphthoesäure, welche im Harn von Hunden als Naphthursäuren wieder erscheinen.

$$C_{10}H_7COOH + H_2N \cdot CH_2 \cdot COOH = C_{10}H_7CO \cdot NHCH_2 \cdot COOH + H_2O.$$

Wie man sieht, gehen auch diese Paarungen unter Austritt von Wasser vor sich. Bertagnini[3]) und später Baumann und Herter[4]) haben gezeigt, daß auch Salicylsäure und die isomeren Oxybenzoesäuren ganz analog an Glykokoll gepaart und als Oxyhippursäuren ausgeschieden werden:

$$HO \cdot C_6H_4 \cdot COOH + H_2N \cdot CH_2COOH = HO \cdot C_6H_7 \cdot CO \cdot NH \cdot CH_2 \cdot COOH + H_2O.$$

Auch alkylierte Benzoesäuren erleiden das nämliche Schicksal der Paarung an Glykokoll und werden demnach als

---

[1]) Tiedemanns Untersuch. über d. Natur d. Menschen, I, S. 4425. Berzelius, Lehrb. d. Chemie, Bd. 4, S. 376.

[2]) Zeitschr. f. physiol. Chemie, Bd. XVIII, S. 119.

[3]) Lieb. Annal., Bd. 97, S. 248.

[4]) Zeitschr. f. physiol. Chemie, Bd. I, S. 253.

alkylierte Hippursäuren ausgeschieden. So entsteht nach Schultzen und Naunyn[1]) aus Toluylsäure die Tolursäure:

$$CH_3C_6H_4 \cdot COOH + H_2N \cdot CH_2 \cdot COOH = CH_3 \cdot C_6H_4 \cdot CO \cdot NH \cdot CH_2 \cdot COOH + H_2O.$$

Ferner nach Nencki[2]) aus Mesitylensäure die Mesitylenursäure:

$$(CH_3)_2 \cdot C_6H_4 \cdot COOH + H_2N \cdot CH_2 \cdot COOH = (CH_3)_2C_6H_3CO \cdot NH \cdot CH_2 \cdot COOH + H_2O.$$

Nencki und Ziegler[3]) haben gezeigt, daß die Kuminsäure im Tierkörper in Kuminursäure übergeht:

$$C_3H_7 \cdot C_6H_4 \cdot COOH + H_2N \cdot CH_2 \cdot COOH = C_3H_7 \cdot C_6H_4 \cdot CO \cdot NH \cdot CH_2 \cdot COOH + H_2O.$$

Endlich ist von E. und H. Salkowski[4]) gezeigt und von Oskar Jacobsen[5]) bestätigt worden, daß Phenylessigsäure im Harn als Phenacetursäure wiedererscheint:

$$C_6H_5 \cdot CH_2 \cdot COOH + H_2NCH_2COOH = C_6H_5 \cdot CH_2 \cdot CO \cdot NH \cdot CH_2 \cdot COOH + H_2O.$$

Eine ganze Reihe von Stoffen, welche an sich zur Paarung mit Glykokoll nicht geeignet sind, verwandelt der Tierkörper durch Oxydation derartig, daß sie die zur Paarung notwendigen Eigenschaften erlangen. So wird nach Schultzen und Naunyn[6]) sowie nach Munk[7]) Toluol zu Benzoesäure oxydiert:

$$C_6H_5 \cdot CH_3 + 3O = C_6H_5 \cdot COOH + H_2O.$$

So werden ferner nach Nencki und Giacosa[8]) Äthylbenzol und Propylbenzol gleichfalls zu Benzoesäure oxydiert:

$$C_6H_5 \cdot C_2H_5 + 6O = C_6H_5 \cdot COOH + 2H_2O + CO_2$$
$$C_6H_5 \cdot C_3H_7 + 9O = C_6H_5 \cdot COOH + 3H_2O + CO_2.$$

So wird auch nach E. und H. Salkowski[9]) Phenylpropionsäure zu Benzoesäure oxydiert:

$$C_6H_5 \cdot CH_2 \cdot CH_2 \cdot COOH + 6O = C_6H_5 \cdot COOH + 2CO_2 + 2H_2O.$$

Selbstverständlich wird die auf alle diese Arten entstandene

---

[1]) Reicherts und du Bois Reymonds Arch., 1867, S. 352.
[2]) Schmiedebergs Arch., Bd. 1, S. 420.
[3]) Ber. d. Deutsch. chem. Ges., Bd. 5, S. 749.
[4]) Zeitschr. für physiol. Chemie, Bd. VII, S. 162 u. Bd. IX, S. 229.
[5]) Ber. d. deutsch. chem. Ges., Bd. 12, S. 1512.
[6]) Reicherts und du Bois Reymonds Arch., 1876, S. 353.
[7]) Pflügers Arch., Bd. 12, S. 142.
[8]) Zeitschr. f. physiol. Chemie, Bd. IV, S. 325.
[9]) Zeitschr. f. physiol. Chemie, Bd. VII, S. 168.

Benzoesäure als Hippursäure, d. h. nach der Paarung mit Glykokoll aus dem Tierkörper ausgeschieden.

Ein ähnliches Schicksal wie die eben erwähnten Monosubstitutionsprodukte des Benzols erleiden Benzolderivate mit mehreren Seitenketten; so wird nach Schultzen und Naunyn[1]) Xylol zu Toluylsäure oxydiert:

$$CH_3 \cdot C_6H_4 \cdot CH_3 + 3O = CH_3 \cdot C_6H_4 \cdot COOH + H_2O,$$

so wird ferner nach Nencki[2]) Mesitylen zu Mesitylensäure oxydiert:

$$(CH_3)_2C_6H_3 \cdot CH_3 + 3O = (CH_3)_2C_6H_3 \cdot COOH + H_2O,$$

so wird endlich nach Nencki und Ziegler[3]) und Jacobsen[4]) Cymol zu Kuminsäure oxydiert:

$$C_3H_7 \cdot C_6H_4 \cdot CH_3 + 3O = C_3H_7 \cdot C_6H_4 \cdot COOH + H_2O.$$

Alle diese durch Oxydation im Tierkörper gebildeten Säuren werden, wie oben bereits gezeigt, an Glykokoll gepaart und als Tolur-, Mesitylenur- und Kuminursäure ausgeschieden. Nach Preusse[5]) wird p-Bromtoluol (auch o-Bromtuol) im Tierkörper zu Brombenzoesäure oxydiert:

$$Br\ C_6H_4 \cdot CH_3 + 3O = Br\ C_6H_4 \cdot COOH + H_2O.$$

und an Glykokoll gepaart als Bromhippursäure ausgeschieden:

$$Br\ C_6H_4 \cdot COOH + H_2N \cdot CH_2 \cdot COOH = Br.\ C_6H_4 \cdot CO \cdot NH \cdot CH_2 \cdot COOH + H_2O.$$

Ganz analog wird nach Jaffé[6]) p-Nitrotoluol zu p-Nitrobenzoesäure oxydiert und als p-Nitrohippursäure ausgeschieden.

Nach R. Cohn[7]) und nach Sieber und Smirnow[8]) werden alle Nitrobenzaldehyde, die einzelnen allerdings in verschiedenem Maße, beim Passieren durch den Körper eines Hundes zu Nitrobenzoesäuren oxydiert und die letzteren durch Paarung mit Glykokoll in Nitrohippursäuren verwandelt:

---

[1]) Reicherts und du Bois Reymonds Arch., 1876, S. 353.
[2]) Arch. für exp. Path. und Pharm., Bd. I, S. 420.
[3]) Ber. d. Deutsch. chem. Ges., Bd. 5, S. 749.
[4]) Ber. d. Deutsch. chem. Ges., Bd. 12, S. 1512.
[5]) Zeitschr. für physiol. Chemie, Bd. V, S. 57.
[6]) Ber. d. deutsch. chem. Ges., Bd. 7, S. 1673.
[7]) Zeitschr. f. physiol. Chem., Bd. XVII, S. 292.
[8]) Monath. f. Chem., Bd. 8, S. 88.

$$NO_2C_6H_4 \cdot CHO + O = NO_2 \cdot C_6H_4 \cdot COOH$$
$$NO_2 \cdot C_6H_4 \cdot COOH + H_2N \cdot CH_2 \cdot COOH = NO_2 \cdot C_6H_4 \cdot CO \cdot NH \cdot CH_2 \cdot COOH + H_2O.$$

Nicht nur durch Oxydationsreaktionen bereitet der Tierkörper die Giftstoffe zur Paarung mit Glykokoll vor, sondern auch durch Hydratationen. So hat Nencki gezeigt[1]) und Salkowski bestätigt,[2]) daß Benzamid im Harn als Hippursäure erscheint. Hier muß das Benzamid durch Aufnahme von Wasser in Benzoesäure und Ammoniak gespalten werden:

$$C_6H_5 \cdot CONH_2 + H_2O = C_6H_5 \cdot COOH + NH_3,$$

um die Bedinguugen für Hippursäurebildung zu schaffen. Oxydation und Hydratation wirken jedenfalls zusammen, wenn, wie Schmiedeberg berichtet, Benzylamin im Harn als Hippursäure wiedererscheint.[3]) In diesem Falle wird wohl das Benzylamin zu Benzamid oxydiert:

$$C_6H_5 \cdot CH_2NH_2 + 2O = C_6H_5 \cdot CO \cdot NH_2 + H_2O,$$

das Benzamid wie oben durch Aufnahme von Wasser in Ammoniak und Benzoesäure gespalten und letzteres durch Austritt von Wasser an Glykokoll gepaart und als Hippursäure ausgeschieden. Demnach werden die Benzoesäuse und schier alle ihre Substitutionsprodukte, nämlich die Oxybenzoesäuren, die Nitrobenzoesäure, die Brombenzoesäure, die einfach und mehrfach methylierten Benzoesäuren, sowie auch die Phenylessigsäure samt und sonders im Tierkörper an Glykokoll gepaart und als substituierte Hippursäuren ausgeschieden. — Stoffe, die sich an sich zur Paarung mit Glykokoll nicht eignen, wie Nitrobenzaldehyde und Alkylbenzole vermag der Tierkörper durch Oxydation in substituierte Benzoesäuren zu verwandeln, in dieser Form an Glykokoll zu paaren und auszuscheiden. Hervorgehoben zu werden verdient, daß bei Anwesenheit mehrerer Seitenketten, wie beim Xylol, beim Mesitylen und beim Cymol der Tierkörper nur eine derselben zum Carboxyl oxydiert.

Aber nicht bloß Benzoesäure und deren Oxydationspro-

---

[1]) Schmiedebergs Arch., Bd. 1, S. 420.

[2]) Ber. d. deutsch. chem. Ges., Bd. VIII, S. 117 und Zeitschr. f. physiol. Chem., Bd. I, S. 45.

[3]) Schmiedebergs Arch., Bd. 8, S. 1.

dukte und solche Stoffe, welche leicht in Benzoesäure oder deren Derivate übergeführt werden können, paaren sich an Glykokoll, sondern auch Stoffe, die der Benzoesäure ferner stehen. Die α-Thiophensäure z. B. wird nach Jaffé und Levy[1]) im Tierkörper ebenso wie Benzoesäure an Glykokoll gepaart:

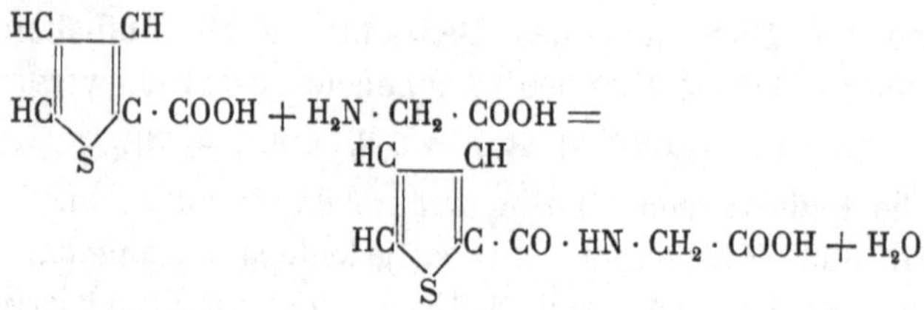

und erscheint im Harn als Thiophenursäure.

Rudolf Cohn[2]) hat Thiophenaldehyd verfüttert und im Harn gleichfalls Thiophenursäure gefunden. Hier ist also der Aldehyd erst zu Thiophensäure oxydiert:

$$C_4H_3S \cdot CHO + O = C_4H_3S \cdot COOH$$

und dann natürlich gleichfalls an Glykokoll gepaart worden.

α-Picolin erscheint nach Rudolf Cohn[3]) im Harn als α-Pyridinursäure; demnach ist das Picolin zuerst zu Pyridinsäure oxydiert worden:

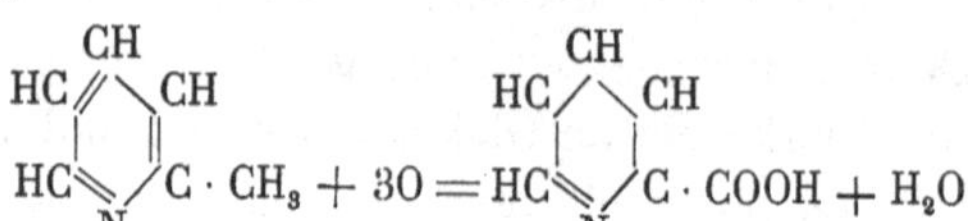

Das Furfurol, der Aldehyd des Furans wird nach Jaffé und Cohn[4]) zum Teil zu Benzschleimsäure oxydiert und die letztere an Glykokoll gepaart und so als sogenannte Pyromukursäure ausgeschieden:

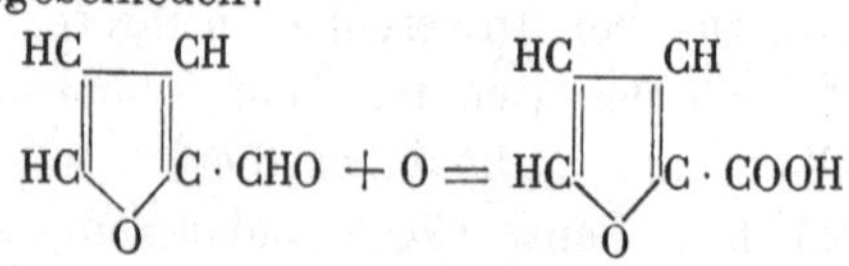

---

[1]) Bericht d. Deutsch. chem. Ges., Bd. 21, S. 3458.

[2]) Zeitschr. für physiol. Chemie, Bd. XVII, S. 281.

[3]) Zeitschr. für physiol. Chemie, Bd. XVIII, S. 119.

[4]) Bericht d. Deutsch. chem. Ges., Bd. 20, S. 2315; Bd. 21, S. 3460.

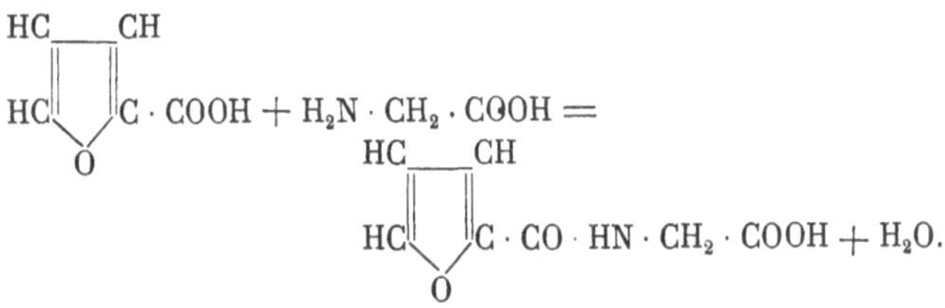

Ein anderer Teil des Furfurols erleidet in erster Phase eine merkwürdige Umwandlung durch Essigsäure zur Furfurakrylsäure und dann erst in zweiter Phase Paarung mit Glykokoll zu Furfurakrylursäure:

$$C_4H_3O \cdot CHO + H_3C \cdot COOH = C_4H_3O \cdot CH : CH \cdot COOH + H_2O$$
$$C_4H_3O \cdot CH : CH \cdot COOH + H_2N \cdot CH_2 \cdot COOH =$$
$$C_4H_3O \cdot CH : CH \cdot CO \cdot HN \cdot CH_2 \cdot COOH + H_2O.$$

So werden also die Carbonsäuren widerstandsfähige Kerne, also des Benzolkerns, des Furankerns, des Thiophenkerns und des Pyridinkerns, sowie alle Substanzen, die sich von den Carbonsäuren ableiten, oder in dieselben übergeführt werden können, unter Wasseraustritt an Glykokoll gepaart und so unschädlich gemacht und ausgeschieden.

Glykuronsäure als Schutzstoff.

Ein dritter „Schutzstoff“, dessen Wirkungsgebiet wohl ebenso ausgedehnt ist, wie die Wirkungsgebiete der Schwefelsäure und des Glykokolls, ist die Glykuronsäure:

$$O : CH \cdot CHOH \cdot CHOH \cdot CHOH \cdot CHOH \cdot COOH.$$

Diese Säure ist ein einfaches Derivat oder Oxydationsprodukt eines Kohlehydrates:

$$OHC\ (CHOH)_4 \cdot CH_2OH + 2O = OHC\ (CHOH)_4 \cdot COOH + H_2O.$$

Es hat bisher noch nicht sicher festgestellt werden können, ob die in obiger Gleichung gegebene Oxydation vor oder nach der Paarung mit dem auszuscheidenden Giftstoffe statt hat. Es könnten also die im folgenden zu erwähnenden Giftstoffe an Kohlehydrat gepaart und die so entstandene gepaarte Substanz zu einer Glykuronsäure oxydiert werden; es könnte aber auch das im Tierkörper reichlich vorhandene Kohlehydrat zuerst zu Glykuronsäure oxydiert und diese erst dann an die Giftstoffe gepaart werden. Wir werden der Einfachheit halber stets den letzteren Fall annehmen. Giftstoffe, welche eine Hydroxylgruppe besitzen und der Zerstörung durch den Tierkörper einen gewissen Widerstand entgegensetzen, können an Glykuronsäure gepaart werden. Folgt man einer von Emil Fischer[1]) ausgesprochenen Ansicht, so könnte man wohl eine solche Paarung in der folgenden Art schematisch darstellen:

$$R.\ OH + O : CH \cdot CHOH \cdot CHOH \cdot CHOH \cdot CHOH \cdot COOH =$$

$$R.\ O \cdot \underset{\diagdown OH}{CH} \cdot CHOH \cdot CHOH \cdot CHOH \cdot CHOH \cdot COOH =$$

$$R.\ O \cdot \underbrace{CH \cdot CHOH \cdot CHOH \cdot CH}_{O} \cdot CHOH \cdot COOH + H_2O.$$

---

[1]) Ber. d. deutsch. chem. Ges. Bd. 26, S. 2405.

Thierfelder und v. Mering[1]) haben gezeigt, daß Trimethylcarbinol $(CH_3)_3C \cdot OH$ im Harn als geparte Glykuronsäure wieder erscheint:

$$(CH_3)_3 \cdot COH + C_6H_{10}O_7 = (CH_3)_3 \cdot CO \cdot C_6H_9O_6 + H_2O;$$

in derselben Form erscheinen nach denselben Autoren Dimethyläthylcarbinol $(C_2H_5)COH(CH_3)_2$ und Pinakon $(CH_3)_2 \cdot COH \cdot COH \cdot (CH_3)_2$. Nach Lesnik[2]) treten nach Darreichung von α-Naphthol sowie auch von β-Naphthol diese Stoffe im Harn gepaart an Glykuronsäure auf:

$$C_{10}H_7OH + C_6H_{10}O_7 = C_{10}H_7 \cdot O \cdot C_6H_9O_6 + H_2O.$$

Wie Pellacani zeigte,[3]) Bonanni bestätigte[4]) und Fromm und Clemens ausführten,[5]) werden Borneol $C_{10}H_{17}OH$ und Menthol $C_{10}H_{19}OH$ unter Wasserabspaltung an Glykuronsäure angelagert und so ausgeschieden:

$$C_{10}H_{17}OH + C_6H_{10}O_7 = C_{10}H_{17}O \cdot C_6H_9O_6 + H_2O$$
$$C_{10}H_{19}OH + C_6H_{10}O_7 = C_{10}H_{19}O \cdot C_6H_9O_6 + H_2O.$$

Ebenso geht das Phenol „Euxanthon" nach Kostanecki[6]) in Euxanthinsäure d. i. eine gepaarte Glykuronsäure über.

Nach Brahm[7]) erscheint Oxychinolinsulfat (Chinosol) $(C_3H_3N)C_6H_3 \cdot OH$ im Harn teils an Glykuronsäure, teils an Schwefelsäure gepaart. In einzelnen Fällen wird berichtet, daß die Paarung eines Schädlings im Tierkörper ohne Austritt von Wasser vor sich gehe. So hat Blum[8]) nach Darreichung von Thymol im Harn Thymolglykuronsäure beobachtet, welche nach der folgenden Gleichung entstanden sein muß:

$$(C_3H_7)CH_3 \cdot C_6H_3OH + C_6H_{10}O_7 = (C_3H_7)CH_3 \cdot C_6H_3O \cdot C_6H_{11}O_7;$$

so hat ferner v. Fenivessy aus dem Harn von Tieren, welche

---

[1]) Zeitschr. f. physiol. Chemie, Bd. IX. S. 511.
[2]) Schmiedebergs Arch., Bd. 24, S. 167.
[3]) Arch. f. exp. Path. u. Pharm., Bd. 17, S. 369.
[4]) Beitrag z. chem. Physiol. Hoffmeister, Bd. 1, S. 304.
[5]) Zeitschr. f. physiol. Chem., Bd. XXXIV, S. 1.
[6]) Ber. d. Deutsch. chem. Ges., Bd. 19, S. 2918.
[7]) Zeitschr. f. physiol. Chem., Bd. XXVIII, S. 439.
[8]) Zeitschr. f. physiol. Chem., Bd. XVI, S. 514.

mit Carbostyril behandelt waren, eine Glykuronsäure isoliert, die ohne Austritt von Wasser entstanden ist:

$$(C_6H_4)C_3H_2N \cdot OH + C_6H_{10}O_7 = (C_6H_4)C_3H_2N \cdot O \cdot C_6H_{11}O_7.$$

Manche Hydroxylverbindungen, welche im wesentlichen als Schwefelsäureverbindungen ausgeschieden werden, werden zu einem kleinen Teil auch an Glykuronsäure gepaart und ausgeschieden, so das Phenol, das Indoxyl und Skatoxyl.[1])

Ganze Reihen von Stoffen, welche an sich zur Paarung mit Glykuronsäure nicht geeignet sind, werden vom Tierkörper teils durch Reduktion, teils durch Oxydation, zum Teil auch durch Hydratation oder durch Oxydation und Hydratation für diese Paarung vorbereitet. Reduziert werden nach Musculus und v. Mering[2]) und Külz[3]) Chloralhydrat und Butylchloralhydrat.

Chloralhydrat geht hierbei in Trichloräthylalkohol über, letzterer wird an Glykuronsäure gepaart und ausgeschieden:

$$Cl_3C \cdot CHO,H_2O + 2H = Cl_3C \cdot CH_2OH + H_2O$$
$$Cl_3C \cdot CH_2OH + C_6H_{10}O_7 = Cl_3C \cdot CH_2O \cdot C_6H_9O_6 + H_2O.$$

Butylchloral wird ebenso zu Trichlorbutylalkohol reduziert, letzterer wiederum an Glykuronsäure gepaart und ausgeschieden:

$$Cl_3C \cdot CH_2 \cdot CHO + 2H = Cl_3C \cdot CH_2 \cdot CH_2OH$$
$$Cl_3C \cdot CCH_2 \cdot CH_2OH + C_6H_{10}O_7 = Cl_3C \cdot CH_2CH_2O \cdot C_6H_9O_6 + H_2O.$$

Hierher gehört auch wohl die Beobachtung von Sundvik,[4]) daß nach Dichloraceton im Harn eine Glykuronsäure, vielleicht die des Dichlorisopropylalkohols auftritt.

Einfache Oxydationen als Vorbereitung zur Paarung mit Glykuronsäure sind mehrfach beobachtet worden. Nach Jaffé[5])

---

[1]) Vergleiche Schmiedebergs Arch. Bd. 14, S. 288 u. 379 und Hoppe-Seyler, Zeitschr. f. physiol. Chem., Bd. VII, S. 403; Bd. 8, S. 79, Mester, Zeitschr. f. physiol. Chem., Bd. XII, S. 130.

[2]) Ber. d. Deutsch. chem. Ges. Bd. 8, S. 6625 u. Zeitschr. f. physiol. Chem., Bd. VI, S. 250.

[3]) Pflügers Arch., Bd. 28.

[4]) Malys Jahresber., Bd. 16, S. 76.

[5]) Zeitschr. f. physiol. Chem., Bd. II, S. 47.

wird o-Nitrotoluol im Körper des Hundes zu Nitrobenzylalkohol oxydiert und letzterer an Glykuronsäure gepaart:

$$NO_2 \cdot C_6H_4 \cdot CH_3 + O = NO_2 \cdot C_6H_4 \cdot CH_2OH$$
$$NO_2 \cdot C_6H_4 \cdot CH_2OH + C_6H_{10}O_7 = NO_2 \cdot C_6H_4 \cdot CH_2O \cdot C_6H_9O_6 + H_2O.$$

Nach Lesnik[1]) wird Naphthalin im Tierkörper zu α-Naphthol oxydiert und als solches an Glykuronsäure gepaart und ausgeschieden:

$$C_{10}H_8 + O = C_{10}H_7OH$$
$$C_{10}H_7OH + C_6H_{10}O_7 = C_{10}H_7 \cdot O \cdot C_6H_9O_6 + H_2O.$$

Nach den Untersuchungen von Kossel[2]) und von Lehmann[3]) tritt nach Darreichung von Phenetol im Harn die sogenannte Chinäthonsäure auf; auch diese Säure ist durch Oxydation des Phenetols und Paarung des Oxydationsproduktes an Glykuronsäure entstanden:

$$C_2H_5 \cdot O \cdot C_6H_5 + O = C_2H_5O \cdot C_6H_4OH$$
$$C_2H_5 \cdot O \cdot C_6H_5OH + C_6H_{10}O_7 = G_{14}H_{18}O_9 + H_2O.$$

Nach Jaffé und Hilbert[4]) sowie nach Mörner[5]) erscheint Acetanilid im Harn in oxydierter Form, und zwar zum Teil als p-Amidophenol, zum Teil als Acetylamidophenol, zum Teil auch als Oxyphenylcarbaminsäureanhydrid. Alle diese Oxydationsprodukte finden sich in den Harnen als gepaarte Glykuronsäuren und als gepaarte Schwefelsäuren. Nach denselben Autoren erscheint o-Acettoluid im Harn als Glykuronsäureverbindung des Oxykresylcarbaminsäureanhydrids. Auch Antipyrin wird nach Lawrow[6]) im Harn zu Oxyantipyrin oxydiert und in der letzteren Form an Glykuronsäure gepaart und ausgeschieden.

Ähnliche einfache Oxydationen und darauffolgende Paarungen mit Glykuronsäuren gehen im Tierkörper mit manchen Kampherarten vor. So wird nach Schmiedeberg und Meyer[7]) der gewöhnliche Kampher zu Kampherol oxydiert:

$$OC_{10}H_{16} + C_{10}H_{15}OH$$

---

1) Schmiedebergs Arch., Bd. 24, S. 167.
2) Zeitschr. f. physiol. Chem., Bd. IV, S. 296.
3) Zeitschr. f. physiol. Chem., Bd. XIII, S. 181.
4) Zeitschr. f. physiol. Chem., Bd. XII, S. 295.
5) Zeitschr. f. physiol. Chem., Bd. XIII, S. 12.
6) Zeitschr. f. physiol. Chem., Bd. XXXII, S. 111.
7) Zeitschr. f. physiol. Chem., Bd. III, S. 422.

Kampherol wird aber ferner nach denselben Autoren an Glykuronsäure zu Kamphoglykuronsäure gepaart:

$$OC_{10}H_{15}OH + C_6H_{10}O_7 = OC_{10}H_{15}O \cdot C_6H_9O_6 + H_2O.$$

Ganz nach denselben Gleichungen wird nach Rimini[1]) Fenchon in Oxyfenchon und letzteres in die gepaarte Glykuronsäure verwandelt.

Ebenso wird nach Hildebrandt[2]) Carvon im Tierkörper in die Glykuronsäureverbindung des Oxycarvons verwandelt.

Vielleicht sind es gleichfalls einfache Oxydationen, welche die Terpene zur Paarung mit Glykuronsäure vorbereiten, wie es einstweilen nach den Arbeiten von Fromm und Hildebrandt[3]) für Pinen, Phellandren und Sabinen wahrscheinlich ist.

$$C_{10}H_{16} + O = C_{10}H_{15}OH$$
$$C_{10}H_{15}OH + C_6H_{10}O_7 = C_{10}H_{15}O \cdot C_6H_9O_6 + H_2O.$$

Endlich sind in neuerer Zeit noch Fälle bekannt geworden, in denen der Tierkörper Giftstoffe durch Anlagerung von Wasser mit oder ohne gleichzeitige Oxydation zur Paarung mit Glykuronsäure geeignet macht. So wird das Thujon nach Fromm und Hildebrandt[3]) im Tierkörper in Thujonhydrat verwandelt:

$$OC_{10}H_{16} + H_2O = OC_{10}H_{17}OH$$

und das Thujonhydrat durch Paarung mit Glykuronsäure unschädlich gemacht:

$$OC_{10}H_{17}OH + C_6H_{10}O_7 = OC_{10}H_{17}O \cdot C_6H_9O_6 + H_2O;$$

so wird endlich nach den Untersuchungen von Fromm und Clemens[4]) das Camphen $C_{10}H_{16}$ in Camphenglykol verwandelt:

$$C_{10}H_{16} + O + H_2O = HO \cdot C_{10}H_{16} \cdot OH$$

und der Camphenglykol mit einem Molekül Glykuronsäure gepaart und ausgeschieden:

$$HO \cdot C_{10}H_{16} \cdot OH + G_6H_{10}O_7 = HO \cdot C_{10}H_{16} \cdot OC_6H_9O_6 + H_2O.$$

---

1) Rend. Ac. Linc. [5], Bd. 10 I, S. 244.
2) Zeitschr. f. physiol. Chem., Bd. XXX, S. 441.
3) Zeitschr. f. physiol. Chem., Bd. XXXIII, S. 579.
4) Zeitschr. f. physiol. Chem., Bd. XXXVII, S. 189.

Einige seltener beobachtete Schutzstoffe.

In einigen nicht häufig beobachteten Fällen scheint auch der Harnstoff als Schutzstoff zu funktionieren. So hat Schmiedeberg beobachtet,[1]) daß Äthylamincarbonat im Harn in sehr geringen Mengen als Äthylharnstoff wiedererscheint:

$$C_2H_5 \cdot NH_2 \longrightarrow C_2H_5 \cdot NH \cdot CO \cdot NH_2.$$

In größeren Mengen erscheint ein Harnstoffderivat nach Salkowski[2]) und nach Rudolf Cohn[3]) nach Darreichung von Amidobenzoesäure, nämlich die Uramidobenzoesäure:

$$H_2N \cdot C_6H_4 \cdot COOH \longrightarrow H_2N \cdot CO \cdot NH \cdot C_6H_4 \cdot COOH.$$

Manche Stoffe scheinen auch mit dem Harnstoff zu einem Salz verbunden und ausgeschieden zu werden. So werden wohl nach Sieber und Smirnow,[4]) sowie nach Rudolf Cohn[5]) manche Nitrobenzaldehyde zu Nitrobenzoesäuren oxydiert, an Glykokoll zu Nitrohippursäuren gepaart und die letzteren mit Harnstoff zu einem Salz verbunden und so als nitrohippursaurer Harnstoff ausgeschieden.

Eine ganz seltene Schutzreaktion scheint die Methylierung zu sein. W. His hat beobachtet[6]) und Rudolf Cohn[7]) hat bestätigt, daß nach Darreichung von Pyridin im Harn Methylpyridinammoniumhydroxyd oder dessen Salze auftreten:

$$C_5H_6N \longrightarrow C_5H_6N \cdot CH_3OH.$$

Nach Hoffmeister soll ein mit Tellur oder Tellurverbindungen vergiftetes Tier Tellurmethyl ausscheiden. Welches in diesen Fällen von Methylierungen der Schutzstoff ist, und wo derselbe herstammt, steht noch nicht fest, vielleicht ist es aber interessant, an dieser Stelle darauf hinzuweisen, daß nach den oben erwähnten Untersuchungen von Albanese, Bond-

---

[1]) Schmiedebergs Arch., Bd. 8, S. 1.
[2]) Zeitschr. f. physiol. Chem., Bd. VII, S. 93.
[3]) Zeitschr. f. physiol. Chem., Bd. XVII, S. 292.
[4]) Monatshefte f. Chem., Bd. 8, S. 88.
[5]) Zeitschr. f. physiol. Chem., Bd. XVII, S. 292.
[6]) Schmiedebergs Arch., Bd. 22, S. 253.
[7]) Zeitschr. f. physiol. Chem., Bd. XVIII, S. 118.

zynski, Gottlieb, Krüger und Schmid die methylierten Xanthine einer oder mehrerer Methylgruppen beraubt werden.

In einer kleinen Reihe von Fällen scheint die Essigsäure als Schutzstoff zu funktionieren. Ein Fall dieser Art ist schon oben bei den Glykokollverbindungen erwähnt worden. Nach Jaffé und Cohn[1]) wird nämlich das Furfurol zu Brenzschleimsäure oxydiert, ein Teil der letzteren an Essigsäure zur Furfurakrylsäure gepaart und diese in Verbindung mit Glykokoll als Furfurakrylursäure ausgeschieden:

$$C_4H_3O \cdot CHO + H_3C \cdot COOH = C_4H_3O \cdot CH : CH \cdot COOH + H_2O$$
$$C_4H_3O \cdot CH : CH \cdot COOH + H_2N \cdot CH_2 \cdot COOH = C_4H_3O \cdot CH : CH \cdot CO \cdot HN \cdot CH_2 \cdot COOH + H_2O.$$

Es ist dies der einzige Fall, in dem die Essigsäure nach dieser merkwürdigen Richtung hin wirkt, dagegen sind noch einige Fälle bekannt, in welchen die Essigsäure direkt acetylierend auftritt; so hat Rudolf Cohn[2]) gezeigt, daß in manchen Fällen Nitrobenzaldehyde im Tierkörper teils reduziert teils oxydiert werden, indem nämlich aus denselben Amidobenzoesäuren entstehen:

$$NO_2 \cdot C_6H_4 \cdot CHO \longrightarrow H_2N \cdot C_6H_4 \cdot COOH.$$

Diese letzteren werden aber nach demselben Autor an Essigsäure gepaart und als Acetylamidobenzoesäuren ausgeschieden:

$$H_2N \cdot C_6H_4 \cdot COOH + CH_3 \cdot COOH = H_3C \cdot CO \cdot NH \cdot C_6H_4 \cdot COOH + H_2O.$$

In allen diesen Fällen wirkt die Essigsäure niemals selbständig als einziger, allein funktionierender Schutzstoff. Es sind außer dem Schutzstoff, Essigsäure, noch andere Schutzstoffe, wie z. B. Glykokoll, oder Schutzreaktionen, Oxydationen und Reduktionen, notwendig, um die Wirkungen der Essigsäure zu ergänzen. Ganz ebenso liegt es auch mit den Schutzwirkungen der Essigsäure bei einer letzten kleinen Reihe von Giftstoffen, bei welchen neben der Essigsäure noch ein anderer Schutzstoff, die Thiomilchsäure $H_3C \cdot CHSH \cdot COOH$, oder deren Derivat

[1]) Ber. d. Deutsch. chem. Ges., Bd. 20, S. 2311.
[2]) Zeitschr. f. physiol. Chem., Bd. XVII, S. 290.

das Cystein $H_3C \cdot CH(SH)(NH_2) \cdot COOH$ in Aktion tritt. Nach Untersuchungen von Baumann und Preusse[1]) wird das Brombenzol, nach Untersuchungen von Jaffé[2]) werden Brom- und Chlorbenzol, nach Baumann und Schmitz[3]) wird endlich das Jodbenzol vom Tierkörper als Halogenmerkaptursäuren ausgeschieden. Zur Bildung dieser Halogenmerkaptursäuren sind augenscheinlich drei Stoffe notwendig, nämlich das eingeführte Halogenbenzol, z.B. Brombenzol, BrC_6H_5, Cystein $CH_3 \cdot CH(SH)(NH_2) \cdot COOH$ und Essigsäure $H_3C \cdot COOH$.

Aus diesen drei Stoffen entsteht dann die Bromphenylmerkaptursäure:

$$H_3C \cdot C(SC_6H_4Br)(NH \cdot CO \cdot CH_3) \cdot COOH$$

---

[1]) Zeitschr. f. physiol. Chem., Bd. V, S. 309 u. Ber. d. Deutsch. chem. Ges., Bd. 12, S. 806.

[2]) Ber. d. Deutsch. chem. Ges., Bd. 12, S. 1092 u. 1096.

[3]) Zeitschr. f. physiol. Chem., Bd. XX, S. 586.

Cholsäuren als Schutzstoffe.

Der Schutz, welchen alle die bisher beschriebenen Schutzstoffe dem Tierkörper gegenüber organischen Verbindungen angedeihen ließen, bestand darin, diese Stoffe durch Paarung in lösliche, diffundierbare und leicht ausscheidbare Produkte zu verwandeln. Wie schon in der Einleitung bemerkt wurde, und wie wir auch bei anorganischen Giften — Metalloxyden und deren Salzen — bereits gesehen haben, gibt es noch einen andern Weg, auf dem Gifte unschädlich oder wenig schädlich gemacht werden können, nämlich den, diese Stoffe in schwer lösliche Verbindungen zu verwandeln und an einer Stelle, wo sie nicht schaden können, zu deponieren. Dies scheint in der Tat auch bei organischen Giften, nämlich bei Alkaloiden, vorzukommen. De l'Arbre[1]) hat festgestellt, daß die löslichen Salze des Strychnins, Brucins, Chinins, Chinchonins und anderer Alkaloide beim Zusammenkommen mit der Galle verschiedener Tiere oder beim Zusammenkommen mit glykocholsaurem Natron, hyoglykocholsaurem Natron und taurocholsaurem Natron schwerlösliche Verbindungen bilden. Solche schwerlösliche Salze werden in der Leber deponiert. Da diese Salze indessen nur schwer löslich, aber nicht absolut unlöslich sind, so werden sie wohl auch nach und nach in kleinen Quantitäten aus der Leber resorbiert und fortgeschafft, sodaß nach Kobert[2]) «der Nutzen der Leber nur darin besteht, daß die akuten Vergiftungen durch sie einen protrahierteren und daher milderen Verlauf bekommen».

---

[1]) Inaug.-Diss. Dorpat 1871.

[2]) Lehrb. d. Intoxicationen, S. 27.

Zusammenfassung.

Versucht man, sich aus dem vorliegenden Material ein Bild von dem chemischen Rüstzeug zu machen, dessen sich der Tierkörper bei denjenigen Vergiftungen bedient, deren Verlauf man chemisch verfolgen kann, so kommt man zu folgenden Resultaten:

I.

Es sind nur sehr wenige Schutzreaktionen, deren sich der Körper bedient: nämlich Oxydation oder Anlagerung von Sauerstoff, wie beim Phosphor, beim Schwefel und bei einer großen Anzahl von organischen Stoffen, ferner Reduktion oder Anlagerung von Wasserstoff, wie bei Chloraten und dem Chloralhydrat, dann Hydratation oder Anlagerung von Wasser, wie z. B. beim Thujon, welches in Thujonhydrat verwandelt wird, und endlich Deshydratation oder Abspaltung von Wasser, welche in den zahlreichen Fällen zur Verwendung kommt, in denen hydroxylhaltige Giftstoffe an Schwefelsäure, Glykokoll oder Glykuronsäure gepaart werden. Außer diesen immer wiederkehrenden Oxydationen und Reduktionen, Hydratationen und Deshydratationen sind nur wenige Reaktionen bekannt, deren Verlauf sich nicht unbedingt und nicht ganz klar unter eine der vier genannten Reaktionen unterordnen läßt. Dies sind zwei Fälle, welche oben bei der Glykuronsäure erwähnt sind, und bei welchen der hydroxylhaltige Giftstoff an Glykuronsäure durch bloße Addition d. h. ohne Abspaltung von Wasser gepaart wird; dies sind endlich die Fälle von Vergiftungen mit Pyridin und mit Tellur, bei welchen die Giftstoffe als methylierte Produkte den Tierkörper verlassen. Vielleicht sind diese Fälle Vertreter einer fünften, neuen Schutzreaktion, welche wir als Addition bezeichnen können, vielleicht aber werden sie sich auch bei näherem Studium unter eine der vier oben erwähnten allgemeinen Reaktionen unterordnen lassen.

II.

An Schutzstoffen haben wir kennen gelernt: Das Alkali des Bluts, Eiweiß, Schwefelwasserstoff, Schwefelsäure, Glykokoll, Harnstoff, Cystein und Cholsäuren, Glykuronsäure und Essigsäure. Auch die Zahl der Schutzstoffe ist demnach keine große, wenn auch keineswegs an dieser Stelle behauptet werden soll, daß die Reihe derselben mit obiger Aufzählung erschöpft sei. Es ist wahrscheinlich, daß bei späteren Untersuchungen noch ein oder der andere Schutzstoff gepaart an neue Gifte isoliert werden wird, wie dies schon aus den Untersuchungen von His und von Hofmeister hervorgeht, welche beobachtet haben, daß der Tierkörper Methylierungen vornimmt; es scheint aber bei der häufigen Wiederkehr derselben Schutzstoffe und derselben Schutzreaktionen nicht eben gerade sehr wahrscheinlich, daß die Zahl der noch zu entdeckenden Schutzstoffe eine sehr große oder gar eine unendliche sein wird.

III.

Alle Schutzstoffe, die wir kennen gelernt haben, sind Produkte des normalen Stoffwechsels, Produkte, die wir ableiten können von den gewöhnlichsten Nahrungsmitteln: den Eiweißen, den Kohlehydraten (den Fetten?). Man geht wohl kaum fehl, wenn man annimmt, daß alle die Schutzstoffe entweder in dem Zustande, in dem sie gebraucht werden, z. B. $KHSO_4$, stets im Tierkörper kreisen oder doch in einem Zustande, welcher es ermöglicht, sie leicht in den gerade erforderlichen Schutzstoff zu verwandeln; letzteres mag vielleicht beim Traubenzucker der Fall sein, welcher durch einfache Oxydation in Glykuronsäure verwandelt werden kann.

IV.

Keiner der Schutzstoffe, die wir kennen gelernt haben, ist ein Specifikum gegen ein bestimmtes Gift. Die Zahl der Gifte, welche durch Paarung an Eiweiß, an Schwefelwasserstoff, an Schwefelsäure, an Glykokoll, an Glykuronsäure, an Cholsäuren unschädlich gemacht werden, ist jedesmal eine außerordentlich große. Aber auch die andern Schutzstoffe, Harnstoff, Essigsäure, Cystein, gelten jeweils für mehrere schädliche Stoffe, wahrscheinlich für mehr, als wir augenblicklich kennen. Selbst die immer noch rätselhafte Methylierung tritt außer beim Pyridin immerhin auch noch bei Tellurderivaten auf, also sicher doch in mehr als in einem Falle.

Dieser Umstand ist besonders bemerkenswert gegenüber den in der modernen Bakteriologie herrschenden Ansichten, nach welchen die Schutzstoffe, welche der Tierkörper erzeugt, um sich gegen die Giftstoffe der organischen Schädlinge zu schützen, jedesmal oder doch oft Specifika gegen bestimmte Bakteriengifte sein sollen.

V.

Der Tierkörper wehrt sich gegen den Angriff durch ein Gift mit allen ihm zur Verfügung stehenden brauchbaren, vielleicht auch manchmal mit unbrauchbaren Mitteln. Zahlreich sind die Fälle, in denen ein Teil des Giftstoffes durch Oxydation zerstört, ein anderer Teil an irgend einen Schutzstoff gepaart und ausgeschieden wird. Sehr oft kommt es vor, daß Giftstoffe teils an Schwefelsäure, teils an Glykuronsäure gepaart und ausgeschieden werden, sehr oft sind auch Schwefelsäure und Glykokoll zu gleichen oder ungleichen Teilen an der Paarung beteiligt. — Man hat sehr oft den Eindruck, als würde der Tierkörper in einem bestimmten Falle mit Vorliebe einen bestimmten Schutzstoff, z. B. Sulfate, benützen, so lange noch ein Vorrat davon vorhanden ist, und erst, wenn der Vorrat an diesem Schutzstoff aufgebraucht ist, zu einem andern minder guten, aber immerhin noch brauchbaren Schutzstoffe greifen.

Manchesmal freilich kann man sich auch des Eindruckes nicht erwehren, daß der Tierkörper eine Schutzreaktion, vielleicht auch einen Schutzstoff nicht ganz zweckmäßig anwende; dies ist z. B. der Fall, wenn wir beobachten, daß das giftige Phenol im Thierkörper zum gleichfalls giftigen Hydrochinon oxydiert wird, da doch Hydrochinon ebenso wie Phenol an Schwefelsäure gepaart und ausgeschieden werden muß.

www.fsc.org
MIX
Papier | Fördert gute Waldnutzung
FSC® C083411

Zeitfracht Medien GmbH
Ferdinand-Jühlke-Straße 7
99095 Erfurt, Deutschland
produktsicherheit@kolibri360.de